SOCIÉTÉ D'ANTHROPOLOGIE DE LYON

— SÉANCE DU 5 MARS 1892 —

OBSERVATIONS

SUR

LES MACHOIRES ET LES DENTS

DES SOLIPÈDES

PAR

M. X. LESBRE

PROFESSEUR D'ANATOMIE A L'ÉCOLE VÉTÉRINAIRE

LYON

IMPRIMERIE PITRAT AINE

Alexandre REY successeur

4, RUE GENTIL, 4

1892

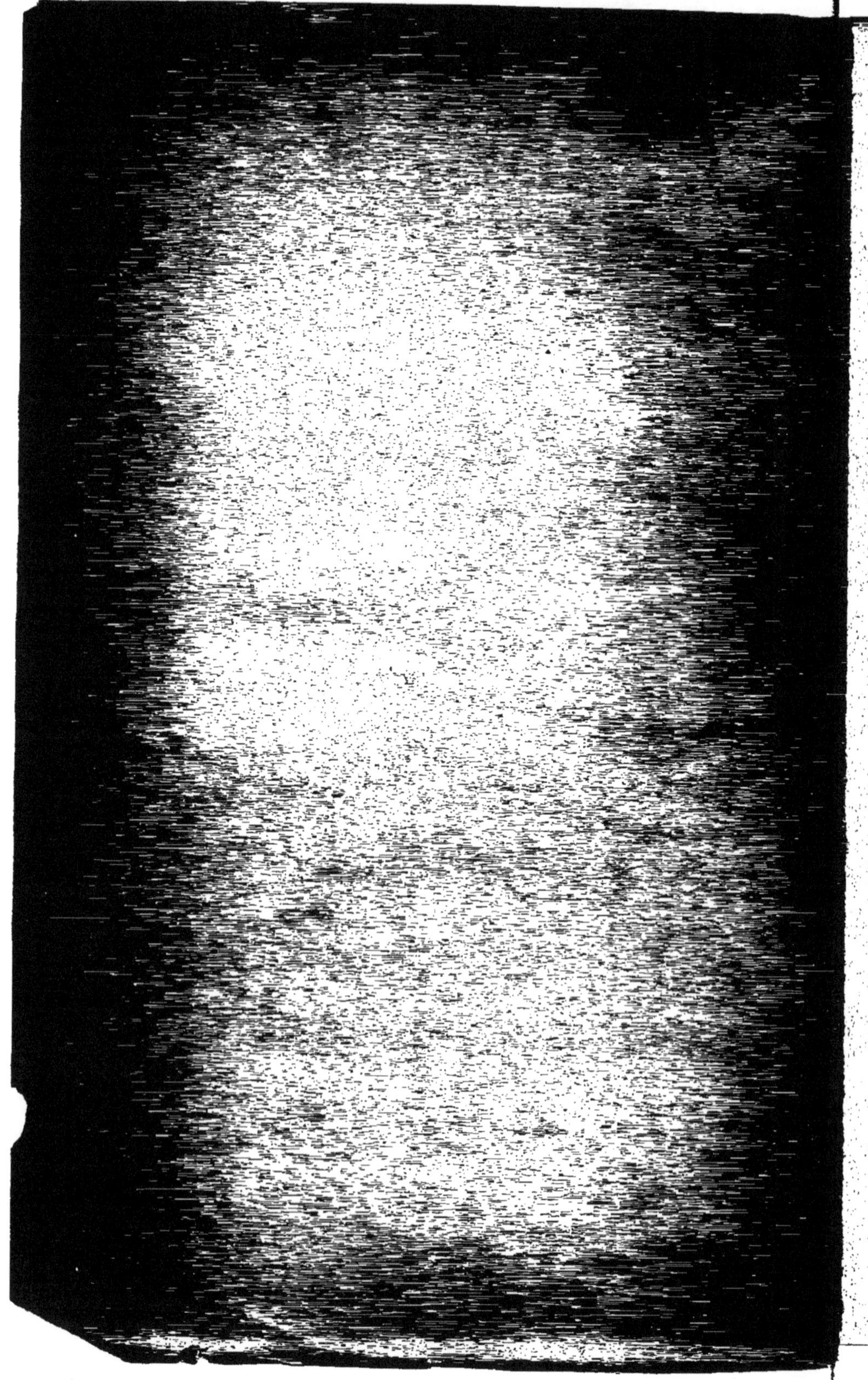

OBSERVATIONS

SUR

LES MACHOIRES ET LES DENTS

DES SOLIPEDES

SOCIÉTÉ D'ANTHROPOLOGIE DE LYON

— SÉANCE DU 5 MARS 1892 —

OBSERVATIONS

SUR

LES MACHOIRES ET LES DENTS

DES SOLIPÈDES

PAR

M. X. LESBRE

PROFESSEUR D'ANATOMIE A L'ÉCOLE VÉTÉRINAIRE

LYON

IMPRIMERIE PITRAT AINE

Alexandre REY successeur

4, RUE GENTIL, 4

1892

SOCIÉTÉ D'ANTHROPOLOGIE DE LYON

SÉANCE DU 5 MARS 1892

OBSERVATIONS

SUR

LES MACHOIRES ET LES DENTS

DES SOLIPÈDES

Au cours de recherches entreprises dans le but de déterminer les dates d'éruption des molaires du cheval et de l'âne, j'ai réuni une collection d'une trentaine de têtes osseuses de ces animaux d'âges variés qui m'a permis, je crois, non seulement d'atteindre le but pour lequel je l'avais amassée, mais encore d'ajouter aux connaissances déjà acquises sur l'appareil dentaire des solipèdes.

C'est à Ténon que nous sommes redevables des connaissances fondamentales sur cette question. (Voyez *Mémoires de l'Institut*, tome I, au VI). Il démontra notamment l'existence des molaires caduques jusqu'alors méconnue, et la pousse constante hors des alvéoles qui compense l'usure que les dents éprouvent à leur partie libre. Les anatomistes vétérinaires : Girard, Lecoq, Chauveau et Arloing, Goubaux et Barrier (ces deux derniers surtout) ont ajouté chacun quelques détails nouveaux dans les livres classiques dont ils sont les auteurs. Enfin, les paléontologues : Cuvier, Richard Owen, Rutimeyer, Marsch, Gaudry, Forsysh major, Marie Pavlow, etc. se sont appliqués à comparer les dents des équidés fossiles à celles des équidés actuels et ont relevé nombre de particularités qui avaient échappé aux simples zootomistes, particularités qui paraissent infimes de prime abord, mais qui sont souvent des caractères de premier ordre pour la distinction des espèces fossiles.

Les faits que nous avons pu glaner dans un champ si bien exploré sont surtout relatifs à la distinction des molaires de l'âne et du cheval et à l'évolution de ces dents et des mâchoires qui les supportent. Ils ont, je crois, un certain intérêt pour le paléontologiste, le vétérinaire et le zoologiste.

A. Formule dentaire du Cheval et de l'Ane. — Cuvier attribue à ces animaux 7 molaires de chaque côté à la mâchoire supérieure et 6 à la mâchoire inférieure; il fait entrer en compte la prémolaire rudimentaire placée en avant des autres et signalée par tous les auteurs depuis Daubenton : c'est une dent très variable de forme et de volume, tantôt creusée à son extrémité d'une cavité, comme une prémolaire supérieure de bœuf, tantôt terminée en pointes mousses comme une tuberculeuse de carnivore, tantôt enfin réduite à un petit stylet. Goubaux et Barrier *(De l'extérieur du Cheval, 2e édition)*, disent qu'elle n'existe pas toujours. Ténon, *loc. cit*, Cuvier, *Recherches sur les ossements fossiles ;* Emmanuel Rousseau, *Traité du système dentaire chez l'homme et les animaux*, la signalent au contraire comme constante. Je l'ai rencontrée moi-même sur toutes les têtes de poulains, ânons et autres solipèdes de cinq à trente mois que j'ai eues entre les mains, mais très inégalement développée, comme je viens de le dire. Elle pousse ordinairement vers l'âge de cinq à six mois et tombe avec la dent suivante vers deux ans et demi pour n'être jamais remplacée; mais il n'est pas rare de la voir persister pendant l'âge adulte et même jusque dans la vieillesse.

Il est certain que cette dent rudimentaire est appelée à disparaître comme a déjà disparu sa correspondante de la mâchoire inférieure que l'on voit réapparaître sur quelques individus sous la forme styloïde. Au point de vue phylétique, ce sont là des dents primordialement *diphysaires* comme les autres prémolaires, qui sont devenues *monophysaires* par disparition du germe de deuxième génération ; autrement dit, ce sont des dents de lait qui ont perdu leurs remplaçantes et qui sont elles-mêmes en état d'atrophie progressive. M. Lataste (voy. *Société de Biologie*, 1888) adopte une autre interprétation. Pour lui, toute dent d'essence diphysaire devenue monophysaire équivaut à une dent de deuxième génération qui aurait perdu sa dent de lait ; il invoque à l'appui de sa manière de voir ce qui se passe chez les marsupiaux et chez certains rongeurs : Flower a, en effet, montré que seule la dernière prémolaire des marsupiaux est diphysaire, encore est-elle précédée d'une dent de lait rudimentaire ; Pouchet et Chabry ont découvert chez l'embryon des léporidés des rudiments d'incisives caduques qui tombent avant la naissance, en sorte que les incisives *développées* de ces animaux sont des dents de deuxième génération. M. Lataste aurait pu ajouter le cas des canines des Solipèdes dont les dents de lait ont disparu ou du moins se sont réduites à l'état d'une simple aiguille éburnée. Dans ces divers cas et d'autres encore, on est en présence de dents d'essence diphysaire qui passent ou sont passées à l'état monophysaire par atrophie du germe de première génération. Mais je ne pense pas qu'il en soit toujours ainsi comme le dit M. Lataste, et, pour ne parler que de la molaire rudimentaire des Solipèdes, il paraît bien certain que c'est une dent de lait et non pas une dent de deuxième génération, 1° parce qu'elle se développe concomitamment avec les autres molaires de lait, tandis qu'elle précède de deux ans la sortie des molaires remplaçantes ; 2° parce qu'elle tombe d'ordinaire en même temps que la pré-molaire suivante.

La perte de la dent de deuxième génération est un acheminement vers la disparition complète ; tandis que la perte de la dent de première génération n'est qu'une simple adaption à de nouveaux usages.

La formule dentaire type des Mammifères actuels paraît être :

$$Inc.\ \frac{3}{3}\ Can.\ \frac{1}{1}\ p.\ m.\ \frac{4}{4}\ a.\ m.\ \frac{3}{3}.$$

Lorsqu'une prémolaire disparaît, c'est, en règle générale, la première ; aussi, étiquette-t-on les prémolaires restantes $pm^2\ pm^3\ pm^4$. Pour éviter de donner le n° 2 à une dent qui peut être la première de l'arcade, les Allemands comptent les prémolaires d'arrière en avant, en sorte que la quatrième devient pour eux la première ; par exemple, les molaires de deuxième dentition des Solipèdes sont désignées par eux comme suit :

$$pm^3\ pm^2\ pm^1\ m^1\ m^2\ m^3$$

Tandis que M. Gaudry les note :

$$pm^2\ pm^3\ pm^4\ m^1\ m^2\ m^3$$

Je dois prévenir que, faisant abstraction dorénavant de la molaire rudimentaire, je ramènerai le nombre des molaires à six à chaque arcade et que je les désignerai par les noms numériques : première, deuxième, troisième... sixième.

Parmi les anomalies numériques des molaires, j'en signalerai une qui n'est pas excessivement rare: c'est la présence d'une quatrième arrière-molaire en arrière des autres à la mâchoire supérieure; cette dent aussi volumineuse que les précédentes est souvent placée de travers par défaut d'espace; elle a été signalée par Girard, et figurée par Magitot (*Atlas des anomalies dentaires...*), d'après une pièce qui lui avait été remise par Goubaux. Je l'ai rencontrée moi-même deux fois, notamment sur un squelette de cheval des collections d'anatomie de l'École de Lyon, qui présente huit molaires supérieures de chaque côté en comptant la prémolaire rudimentaire.

B. Configuration générale des molaires des Solipèdes. — Je n'ai pas à donner ici la description complète de ces dents que l'on trouve dans tous les livres, particulièrement dans le *Traité d'extérieur* de Goubaux et Barrier où elle est appuyée d'excellentes figures; je me bornerai à en rappeler les points principaux qui seront comme les repères de mon étude comparative.

a) *Molaires supérieures.* — Une molaire supérieure envisagée à l'état vierge montre à son extrémité quatre denticules en forme de croissants à convexité interne, circonscrivant deux cavités et figurant une sorte de B majuscule (planche II, fig. L). Les deux croissants internes présentent chacun un denticule annexe : l'antérieur très développé n'est supporté que par un étroit pédicule, le postérieur moins accusé résulte du dédoublement du croissant postéro-interne et fait relief sur toute la hauteur de la face interne à la manière d'un pilier aplati. Les deux croissants externes déterminent tout le long de la face externe deux cannelures et trois reliefs ; le relief médian et le relief antérieur figurent des espèces de côtes en forme de colonnettes ; le relief postérieur est un simple bord saillant plus ou moins apparent.

Lorsque la *table* s'est formée, l'émail de revêtement des cavités de la dent s'étant séparé de l'émail périphérique, on a une figure représentant encore un B majuscule dont les deux boucles tournées en dedans portent chacune un appendice annexe ; l'intérieur de ces deux boucles est occupé par du cément et circonscrit par deux cercles irréguliers d'émail (émaux centraux).

b) *Molaires inférieures.* — A l'état vierge, leur extrémité libre présente six denticules principaux : deux externes, trois internes et un postérieur, entre lesquels existent des vallées plus ou moins profondes. Leur table se forme rapidement et montre un dessin d'émail figurant aussi un B, mais étroit et à boucles tournées en dehors ; de plus, ces boucles au lieu d'être fermées sont ouvertes en dedans, de telle sorte que le cément qui les remplit est en communication avec celui de la face interne et que les émaux centraux restent continus avec l'émail périphérique (fig. L). Sur cette table, nous distinguons :

1° Les deux denticules externes en forme de croissant, séparés par un sillon plus ou moins profond où l'on voit souvent un pli d'émail ;

2° Les trois denticules internes (1, 2, 3) plus ou moins arrondis, les deux premiers continus l'un à l'autre et formant une sorte de 8 pédiculé;

3° Un denticule postérieur *p* fortement infléchi dans les premières molaires, se redressant peu à peu et atteignant son complet développement dans la dernière qui lui doit son apparence trilobée. Ce denticule disparaît peu à peu par usure ou résorption contre la dent suivante; il n'y a que sur la dernière où il persiste et même s'accroît avec l'âge.

Ainsi qu'on le voit, les traits essentiels de la table dentaire sont donnés par l'émail; il était important d'en pouvoir relever exactement le dessin. La photographie est assurément le moyen le plus parfait d'arriver à ce résultat; mais elle n'est pas à la portée de tout le monde; j'ai imaginé de prendre l'empreinte des crêtes émailleuses de la table à l'aide d'un carré de papier que l'on presse dessus avec le doigt; en suivant à la plume les lignes imprimées, on obtient en quelques secondes un dessin suffisamment exact et très démonstratif dont l'étude est bien plus facile que celle de la table elle-même, ainsi qu'on s'en convaincra par les figures jointes à ce travail.

C. Caractères individuels des molaires du Cheval. — Les figures B, C, F représentent, dessinées par notre procédé d'empreinte, les tables des molaires de première dentition d'un poulain de dix mois, et celles des molaires de deuxième dentition d'un cheval prenant cinq ans. Il est facile de distinguer celles-là entre elles et aussi de les distinguer de celles-ci.

I. *Caractères individuels des molaires caduques supérieures.* — La première se reconnaîtra toujours à son bord antérieur qui tient lieu de face, à son denticule annexe 1 court et arrondi et à la plus grande largeur de sa côte médiane externe.

La troisième se distinguera de la deuxième soit à sa plus grande longueur (mesurée sur la table), soit à son denticule annexe 1 également plus long, soit enfin à la position de la côte médiane externe relativement aux deux extrémités de la table, cette côte étant à peu près équidistante dans la troisième, tandis qu'elle est notablement postérieure dans la deuxième.

LONGUEUR ET LARGEUR DE LA TABLE DES MOLAIRES SUPÉRIEURES CADUQUES D'UN POULAIN DE 10 MOIS

(La largeur est prise au maximum, de la côte médiane externe au pilier interne.)

1re	2e	3e
Longueur 39mm — Largeur 22mm,7	Longueur 29mm,5 — Largeur 24mm,5	Longueur 34mm — Largeur 23mm,5
Rapport ou indice de la table. 1,72	Rapport 1,20	Rapport 1,45

II. *Caractères distinctifs des molaires supérieures de première et de deuxième dentition.* — 1° Les molaires caduques sont plus étroites et sensiblement plus longues que les autres, en sorte que l'indice de leur table suffirait à les faire reconnaître (voyez tableau ci-dessous) :

LONGUEUR ET LARGEUR DE LA TABLE DES MOLAIRES SUPÉRIEURES DE 2e DENTITION

CHEVAL	1re	2e	3e	4e	5e	6e
	mm	mm	mm	mm	mm	mm
De 5 ans. . .	37 -26	30 -29	28 -30,5	26 -28	26 -27	27 -23
—	35,7-26,5	29 -29	29 -30	26,5-29	26 -27,5	28 -23,5
De 10 ans. . .	38 -25	28 -28	27 -28,5	24 -26,5	25 -26	28 -23
De 15 ans . .	35,8-24,3	28,5-26,5	28 -29	24,5-28	26 -28	32 -26
Indices moyens des tables	1,45	1	0,95	0,90	0,90	1,15 à 1,20

2° La hauteur des molaires de lait est beaucoup plus limitée que celle des molaires d'adulte; cette hauteur (racines non comprises) ne dépasse pas 3 à 4 centimètres dans les premières, tandis qu'elle atteint jusqu'à 8 à 10 centimètres dans les secondes.

C'est là une différence en rapport avec la durée relative de leurs usages;

3° La table des molaires de lait présente des émaux centraux plus sinueux, un denticule annexe 1 plus court et des côtes externes moins fortes qu'ils ne le sont sur les molaires de deuxième dentition.

III. *Caractères individuels des molaires supérieures d'adulte.* — 1° Contrairement à ce qu'on observe d'ordinaire, les arrière-molaires tiennent moins de place dans l'arcade que les avant-molaires (voyez le tableau ci-dessus); le rapport de longueur mesuré sur la table entre celles-là et celles-ci est à peu près 5/6;

2° D'une manière générale la largeur de la table va également en diminuant de la première à la dernière molaire, mais il n'y a rien là de bien fixe et de bien caractéristique;

3° La première se reconnaîtra aisément, non seulement à l'indice de sa table, mais encore au bord anguleux qui lui tient lieu de face antérieure, et à la forme arrondie de son denticule annexe 1;

4° La dernière est aussi bien caractérisée que la première, grâce au bord épais, indemne d'usure qui tient lieu de face postérieure, grâce aussi à son denticule annexe 1 étroit et allongé;

5° Pour classer les deuxième, troisième, quatrième et cinquième molaires, on se guidera sur la longueur et la largeur de la table (voyez ci-dessus) sur la denticule annexe 1 qui, d'une manière générale, s'allonge d'avant en arrière, ce qui porte vers la face postérieure le sillon interne qui lui fait démarcation; sur les côtes externes qui, vues sur la table diminuent de largeur d'avant en arrière; enfin sur un petit pli d'émail compris entre les deux croissants internes qui va en décroissant d'avant en arrière, et qui est parfois à peine perceptible sur les arrière-molaires, tandis qu'il est très marqué sur les avant-molaires (dorénavant nous désignerons ce pli sous le nom de pli caballin).

La difficulté résidera surtout dans la distinction de la deuxième et de la troisième, d'une part, de la quatrième et de la cinquième d'autre part; avec un peu d'attention on arrivera à la vaincre.

Mâchoire inférieure. — Les figures B et F représentent exactement les tables des molaires inférieures d'un poulain de dix mois et celles des molaires inférieures d'un cheval prenant cinq ans.

I. *Caractères individuels des molaires caduques inférieures.* — La première est caractérisée par le bord qu'elle présente en avant au lieu d'une face. La dernière par son denticule postérieur développé en un troisième lobe, ainsi qu'on l'observe dans la dernière molaire de deuxième dentition. La dent intermédiaire ne pourra donc être confondue.

LONGUEUR ET LARGEUR DE LA TABLE DES MOLAIRES INFÉRIEURES CADUQUES D'UN POULAIN DE 10 MOIS

1re		2e		3e	
Longueur	Largeur	Longueur	Largeur	Longueur	Largeur
33mm,5	14mm,5	29mm	16mm	33mm	15mm
Rapport 2,30		Rapport 1,85		Rapport 2,20	

II. *Caractères distinctifs des molaires inférieures de première et de deuxième dentition.* — 1° Les molaires caduques sont beaucoup plus étroites que les autres, ce qui les fait paraître plus allongées. Le tableau ci-dessous, comparé au précédent, indique cette différence.

LONGUEUR ET LARGEUR DE LA TABLE DES MOLAIRES INFÉRIEURES DE 2e DENTITION

CHEVAL	1re	2e	3e	4e	5e	6e
	mm	mm	mm	mm	mm	mm
De 5 ans. . .	33 -18	29 -20	28 -20	26,5-18	26,5-17	33 -15
—	34 -20	28 -20	28,5-20	26 -19	26,5-17,2	33 -15,7
De 10 ans. . .	34 -20	27 -21	27 -21	25 -18	26 -18	33 -16
De 15 ans. . .	33 -19	28 -20,8	27,5-22	24 -21	26 -19	36 -18
Indices moyens des tables.	1,70	1,38	1,38	1,35	1,54	2,12

2° Les molaires inférieures caduques ne dépassent pas en hauteur, racines non comprises, 3 à 4 centimètres; tandis que celles de deuxième dentition peuvent atteindre jusqu'à 8 ou 10 centimètres;

3° La table des premières présente les denticules internes 1 et 2 plus étroits et moins courbés l'un vers l'autre que celle des secondes; les espaces des émaux centraux sont aussi particulièrement étroits.

III. *Caractères individuels des molaires inférieures d'adulte.* — 1° La longueur totale des arrière-molaires est à celle des avant-molaires comme 19 est à 20.

2° La largeur de la table diminue sensiblement d'avant en arrière surtout à partir de la première arrière-molaire (voyez le tableau ci-dessus);

3° La première et la dernière se distinguent aisément au bord anguleux par lequel elles terminent l'arcade, ainsi qu'à leur longueur qui surpasse celle de toutes les autres. Le denticule postérieur de la dernière lui forme un lobe supplémentaire qui s'accroît avec l'âge;

4° Pour la distinction des dents intermédiaires, on se basera sur la longueur et la largeur de leurs tables (tableau ci-dessus), sur les denticules internes 1 et 2 qui sont d'autant moins développés et plus courbés l'un vers l'autre que la dent envisagée est plus postérieure, sur les espaces circonscrits par les émaux centraux qui diminuent de largeur de la première à la dernière dent, sur le denticule postérieur qui augmente et se redresse d'avant en arrière (chez les sujets d'un certain âge, il est commun de voir ce denticule disparaître des prémolaires sous l'influence de l'usure), enfin sur le sillon externe qui est notablement plus profond dans les arrière-molaires que dans les avant-molaires, de telle sorte que son fond s'insinue souvent entre les émaux centraux.

D. Molaires de l'Ane. — La distinction des molaires des deux dentitions, et dans chaque dentition, des molaires entre elles peut se faire à peu près de la même manière que chez le cheval; je n'insisterai pas sur ce point; il me suffira de renvoyer le lecteur aux figures A et D et aux tableaux ci-dessous :

LONGUEUR ET LARGEUR DES MOLAIRES DE 1re DENTITION D'UN ANON DE 10 MOIS

SUPÉRIEURES			INFÉRIEURES		
1re sup.	2e	3e	4e	5e	5e
mm 31-19	mm 25-20,7	mm 27,5-19	mm 28-12	mm 25,5-11	mm 29,5-10

LONGUEUR ET LARGEUR DES MOLAIRES DE 2e DENTITION DE QUELQUES ANES

		1re supre	2e	3e	4e	5e	6e
		mm	mm	mm	mm	mm	mm
Baudet de 4 ans 1/2.	Long.	35,5	28	26,5	25,5	26	25,5
	Larg.	24,5	27	26	27,5	26,5	20
Ane adulte. . . .	Long.	28,5	23	21	19	18,5	19
	Larg.	20,5	22,5	22,5	21	20	17
— —	Long.	29	23	23	20	20	18
	Larg.	21	22,5	23	21	21,5	17,5
Ane vieux.. . . .	Long.	31	24	23	19	19	22
	Larg.	22	23,5	24	23	23	20

		1re infre	2e	3e	4e	5e	6e
		mm	mm	mm	mm	mm	mm
Baudet de 4 ans 1/2.	Long.	30	29	26,5	28	30	28
	Larg.	16,5	18,5	17	16	15	11
Ane adulte. . . .	Long.	23,5	21	20,5	19	20	23,5
	Larg.	14	16	16	15	13	11
— —	Long	22,5	22,5	22,5	20	20	22,7
	Larg.	1 ,5	14,5	14,5	13,5	12	10,5
Ane vieux..	Long	26	22	22	21	20	27
	Larg.	15	17	17	16	14	13

Les indices des tables sont à peu près les mêmes que chez le Cheval.

Caractères différentiels avec les molaires du Cheval.

Autant les chevaux fossiles sont abondants dans le quaternaire de l'ancien et du nouveau continent, autant les ânes fossiles sont rares; du moins on n'en a signalé jusqu'à ce jour que quelques spécimens; encore ne sont-ils pas d'une authenticité irrécusable. Cela tient sans doute à ce que le pays qui a été le berceau de l'espèce asine (l'Afrique, dit-on) n'est pas encore bien exploré géologiquement. Dans tous les cas, cela explique pourquoi les caractères particuliers des molaires de l'âne ne sont pas suffisamment connus.

Nous comparerons successivement les molaires de première dentition et les molaires de deuxième dentition dans les deux espèces.

I. *Molaires de première dentition.* — Les figures A et B mettent en parallèle les molaires de lait d'un poulain de dix mois et celles d'un ânon du même âge; on voit que les molaires supérieures de ce dernier se distinguent : 1° à l'absence du pli caballin qui est au contraire très développé chez le poulain, souvent même double ou triple sur la première dent; 2° à la brièveté du denticule annexe 1; 3° à la moindre largeur des côtes externes qui ne sont point déprimées dans le milieu comme on l'observe ordinairement chez le cheval; 4° à la disposition générale de l'émail moins sinueuse que chez le cheval; 5° enfin aux cannelures externes notablement moins profondes.

Les molaires inférieures de l'ânon se distinguent de celles du poulain : 1° par les indices de leurs tables manifestement plus étroites, ainsi qu'en témoignent les quelques chiffres suivants relevés sur les têtes d'un ânon et d'un poulain de même âge (dix mois).

LONGUEUR, LARGEUR ET INDICES DES TABLES

	1re mol. inf.	2e mol. inf.	3e mol. inf.
Anon.	$28^{mm} = 12^{mm}$	$25^{mm},5 = 11^{mm}$	$29^{mm},5 = 10^{mm}$
—	Rapport $2^{mm},33$	Rapport $2^{mm},30$	Rapport $2^{mm},95$
Poulain. . . .	$33^{mm},5 = 14^{mm},5$	$29^{mm} = 16^{mm}$	$33^{mm} = 16^{mm}$
—	Rapport $2^{mm},30$	Rapport $1^{mm},85$	Rapport $2^{mm},06$

2° Par l'allongement tout particulier du denticule interne 1 de la deuxième et de la troisième dent; ce denticule l'emporte de beaucoup sur le denticule 2, de telle sorte que le 8 qu'ils forment sur la table a ses boucles très inégales. De plus, ces boucles sont très étroites et à peu près sur la même ligne, tandis que chez le poulain, elles sont plus larges et infléchies l'une vers l'autre;

3° Par le sillon externe peu profond montrant un pli d'émail très petit, tandis que ce même sillon chez le poulain est plus étroit, plus profond et présente un pli d'émail très prononcé qui est même double ou triple sur la première molaire.

II. *Molaires d'adulte.* — Les tableaux ci-dessus (pages 6, 8 et 10) montrent qu'il n'y a aucune différence à tirer des indices des tables, du rapport des arrière-molaires avec les avant-molaires; ces indices et ce rapport sont sensiblement les mêmes dans les deux espèces. Toutefois la dernière molaire supérieure de l'âne se fait assez souvent remarquer par une brièveté toute particulière tenant à une sorte d'atrophie de ses croissants postérieurs.

C'est la disposition de l'émail de la table qu'il faudra principalement consulter.

Molaires supérieures (voyez fig. D). — 1° Le denticule annexe 1 est moins développé chez l'âne que chez le cheval, toutes proportions gardées; il est surtout moins allongé en arrière, de telle sorte que son pédicule est médian ou presque médian au lieu d'être antérieur comme dans les chevaux. Sur la première molaire, ce denticule est arrondi dans les deux espèces, seulement dans l'âne il est beaucoup moins projeté en arrière que dans le cheval.

2° Les côtes externes vues sur la table sont étroites et simples dans le type asinien, larges et souvent déprimées au milieu dans le type caballin. Cette différence importante est surtout marquée dans les avant-molaires;

3° Le pli caballin fait défaut chez l'âne quel que soit l'âge, ou du moins quand il existe, ce n'est qu'à l'état de vestige, tandis que chez le cheval, il est très prononcé, parfois double, et ne s'efface complètement qu'à un âge avancé, plus tôt sur les arrière-molaires que sur les avant-molaires;

4° Les émaux centraux sont, en général, moins sinueux dans l'espèce asine que dans l'espèce chevaline; mais il y a sous ce rapport d'assez grandes variétés ;

5° Les cannelures externes vues sur la table sont plus profondes chez le cheval que chez l'âne.

Molaires inférieures (fig. E). — 1° Le 8 formé sur la table par les denticules 1 et 2, a ses deux boucles ordinairement rondes chez l'âne, tandis que chez le cheval, la postérieure est un peu aplatie, anguleuse à son sommet. En outre, dans celui-ci, les boucles de ce 8 sont sensiblement égales en longueur et fortement courbées l'une vers l'autre, de telle sorte que leur intervalle est régulièrement curviligne; tandis que dans celui-là, la boucle antérieure l'emporte notablement en longueur sur la postérieure, et les deux boucles sont moins infléchies, séparées par un angle aigu, au lieu de l'être par une courbe. Une exception est à faire pour la première molaire qui, dans les deux espèces, présente un 8 dont la boucle postérieure l'emporte souvent sur l'antérieure.

2° Le sillon externe est moins profond sur les dents de l'âne que sur celles du cheval ; je l'ai rarement vu s'insinuer entre les émaux centraux, ainsi qu'on l'observe souvent chez ce dernier sur les arrière-molaires. En outre, le pli émailleux que porte ce sillon n'est jamais, à égalité d'âge, aussi prononcé dans l'âne que dans le cheval.

Telles sont les différences entre molaires d'âne et de cheval que m'a révélées une étude longue et minutieuse, portant sur un bon nombre de têtes d'animaux de ces deux espèces. Je ne doute pas qu'elles soient d'ordre spécifique, car je les ai rencontrées sur les têtes de toutes races et provenances qu'il m'a été donné d'examiner soit à l'école vétérinaire, soit au muséum d'histoire naturelle, depuis le poney d'Islande et le petit cheval annamite jusqu'au gros boulonnais d'une part, depuis l'âne d'Afrique jusqu'au baudet du Poitou, d'autre part. Assurément, elles ne sont pas toujours également prononcées ; certaines mêmes peuvent disparaître avec l'usure, néanmoins elles me paraissent suffisantes dans leur ensemble pour qu'on se prononce entre les deux espèces, n'aurait-on que quelques molaires de l'une ou de l'autre mâchoire. Parfois même, une seule molaire ne laissera aucune place au doute; par exemple, est-on en présence d'une molaire supérieure dont les côtes externes sont larges et nettement dédoublées, et qui présente un pli caballin très marqué? c'est une molaire de cheval. S'agit-il au contraire, d'une molaire supérieure, qui n'a pas de pli caballin quoique jeune, et dont le denticule annexe 1 est petit, pédiculé par le milieu? Il y a grande chance que ce soit une dent d'âne. Est-ce une molaire inférieure? dites qu'elle est d'un âne si les denticules internes 1 et 2 sont très inégaux, peu courbés l'un vers l'autre, séparés par un intervalle anguleux ; concluez au contraire à un cheval, si les denticules internes 1 et 2 sont égaux en longueur, très infléchis et séparés l'un de l'autre par une courbe très rentrante, si le denticule 2 est anguleux, si le sillon externe est profond et marqué d'un pli d'émail très accusé, etc., etc.

Il ne pourrait y avoir doute qu'avec des dents très usées.

E. Molaires des Hybrides issus de l'Ane et de la Jument

(MULET) OU DU CHEVAL AVEC L'ANESSE (BARDOT). — J'ai examiné quelques têtes de mulets et une tête de bardot, tous adultes. Les molaires du mulet, tout en participant de celles de l'âne et de celles du cheval, m'ont paru tenir plus de celles-là que de celles-ci ; je ne répondrais pas de les distinguer toujours. Ainsi, les molaires supérieures avaient un denticule annexe 1, court et pédiculé, comme chez l'âne, un pli caballin nul ou en vestige, même sur les dents jeunes ; mais les émaux centraux étaient peut-être plus sinueux et les côtes externes moins étroites que dans l'âne ; nous avons rencontré une fois une trace de dédoublement sur la côte moyenne de la première et de la deuxième avant-molaire. Les molaires inférieures tenaient de l'âne par leurs denticules internes 1 et 2 (voy. fig. G. et H) du cheval par la profondeur et le pli d'émail de leur sillon externe. Quant au bardot, la seule tête étiquetée sous ce nom, que nous ayons eue entre les mains, appartient au laboratoire de zootechnie : elle possède des molaires assez comparables à celles des mulets ci-dessus et n'ayant rien de particulier.

Procédé simple et rapide pour distinguer une tête osseuse d'âne d'une tête osseuse de cheval.

Il suffit de coucher la tête sur le côté et de faire passer une ligne par la pensée ou mieux avec la règle par l'extrémité de l'épine malaire et le côté du condyle de l'apophyse zygomatique. Si cette ligne prolongée coupe la protubérance occipitale ou passe en avant d'elle : c'est une tête d'âne, si elle passe beaucoup en arrière, c'est une tête de cheval. Ce caractère ne m'a, jusqu'à présent, jamais trompé ; il exprime une certaine flexion du crâne sur la face chez l'âne, qui n'existe pas chez le cheval ou du moins pas au même degré.

Au point de vue de la ligne zygomatique, les têtes de mulets varient, se rapprochant tantôt de la tête de l'âne, tantôt de celle du cheval ou bien présentant une disposition intermédiaire. Le plus souvent, ladite ligne passe en arrière de la protubérance occipitale, mais très près, tandis que dans le cheval elle passe ordinairement à mi-distance de cette protubérance et des condyles. Sur la tête du bardot dont il a été parlé ci-dessus, elle passait en avant de la protubérance comme chez l'âne, ce qui tend à confirmer les conclusions de M. Arloing (caractères ostéologiques différentiels du cheval, de l'âne et de leurs hybrides, *Bulletin de la Société d'Anthropologie de Lyon*, 1884), d'après lesquelles le mulet qui, extérieurement est plus ressemblant à l'âne qu'au cheval, tiendrait plus du cheval que de l'âne par son squelette, et inversement le bardot, d'un extérieur plus voisin du cheval aurait un squelette plus ressemblant à celui de l'âne.

F. Molaires de l'onagre, du dauw, du zèbre et de l'hémione (fig. 1, J, K). — J'ai mis à contribution les collections du muséum d'histoire naturelle de Paris et de Lyon pour étudier quelques espèces sauvages de Solipèdes.

1° Un onagre de Perse *(Equus* ou mieux *Asinus onager)* âgé d'environ six ans. La place occupée sur la table par les avant-molaires et les arrière-molaires est :

Pré-molaires supérieures . . .	92	millimètres.
Pré-molaires inférieures . . .	90	—
Arrière-molaires supérieures . .	74	—
Arrière-molaires inférieures . .	84	—

Les molaires supérieures affectent le type asinien, soit par l'étroitesse de leurs côtes externes et la simplicité de l'émail, soit par l'absence du pli caballin. On les distingue cependant de celles de l'âne à leur denticule annexe 1 dont le pédicule n'est pas médian mais notablement antérieur.

Les molaires inférieures participent des caractères de celles du cheval et de celles de l'âne, de celles-ci par l'angle aigu qui sépare les denticules internes 1 et 2, par l'allongement du denticule 1 sur les arrière-molaires et enfin par le sillon externe peu profond et dépourvu de pli émailleux ; de celles-là par l'inflexion plus forte des denticules internes 1 et 2 et par la forme anguleuse du denticule 2.

La tête osseuse est tout à fait asinienne avec sa protubérance occipitale très saillante, son tubercule lacrymal situé sur la suture lacrymo-nasale, etc.

La ligne zygomatique (voyez ci-dessus) passe en avant de la protubérance occipitale. Les vertèbres lombaires sont au nombre de cinq et les dorsales au nombre de dix-huit.

En somme, l'onagre me paraît former une espèce distincte, mais très affine de l'espèce asine.

2° Trois dauw *(Asinus* ou mieux *Hippotigris Burchelli)* agés de six mois, quatre ans et neuf ans. Les longueurs des avant-molaires et des arrière-molaires ont été sur l'un d'eux :

Avant-molaires supérieures . .	86	millimètres.
Avant-molaires inférieures. . .	81	—
Arrière-molaires.	68	—
Arrière-molaires inférieures . .	71	—

Les molaires supérieures ressemblent assez exactement à celles de l'âne. Les inférieures ne s'en distinguent guère que par la plus forte inflexion des deux denticules 1 et 2.

L'empreinte lacrymale est suturale. La ligne zygomatique passe juste en avant de la protubérance occipitale. Mais cette dernière n'est pas plus saillante que chez le cheval. Une fois nous avons trouvé cinq vertèbres lombaires avec le nombre ordinaire dans les autres régions, une autre fois six. Dans ce dernier cas la dix-huitième côte était, d'un côté courte et aplatie comme une apophyse transverse lombaire.

3° Deux zèbres *(Asinus* ou mieux *Hippotigris zebra)* âgés de six à sept ans. Les longueurs des avant-molaires et des arrière-molaires ont été sur l'un d'eux :

Pré-molaires supérieures . . .	82	millimètres.
Pré-molaires inférieures . . .	75	—
Arrière-molaires supérieures . .	67	—
Arrière-molaires inférieures . .	71	—

Les incisives inférieures se font remarquer par la cavité de leur couronne largement ouverte en arrière, cavité qui a presque complètement disparu sur les coins en sorte que ceux-ci sont taillés en un biseau tranchant aux dépens de leur face interne et font transition aux incisives des Ruminants. Les incisives supérieures ne présentent pas ce caractère. Les molaires supérieures sont dépourvues du pli caballin ou bien n'en ont qu'un tout petit; leurs côtes externes sont étroites et simples; leurs denticules annexes 1 moins allongés que chez le cheval, sans toutefois être pédiculés exactement par le milieu comme dans l'âne. Les molaires inférieures ont encore plus franchement le type asinien. Il est à remarquer que les tables molaires sont très fortement accidentées dans le sens transversal, ce qui indique la prédominance des mouvements latéraux de la mâchoire inférieure; aussi les condyles articulaires sont-ils peu convexes; le supérieur est presque effacé.

La tête osseuse du zèbre présente les mêmes caractères que celle du dauw : tuberculo lacrymal sutural, protubérance occipitale très large, mais peu saillante, ligne zygomatique passant juste en avant de cette dernière ou la coupant. Six vertèbres lombaires et dix-huit vertèbres dorsales.

En somme, autant qu'il est permis de conclure d'après quelques spécimens, le zèbre et le dauw tiennent principalement de l'âne par leurs dents, de l'âne et du cheval par leur squelette.

4° Deux squelettes et plusieurs têtes osseuses d'hémione *(Equus hemionus)*. La tête est celle d'un âne, exception faite pour la protubérance occipitale qui n'est guère plus développée que chez le cheval; la dentition est aussi très semblable sinon identique à celle de l'âne. Il n'y avait que cinq vertèbres lombaires sur les squelettes qu'il nous a été donné d'examiner; il est vrai que dans l'un la dix-huitième dorsale portait d'un côté une côte soudée et de l'autre une apophyse transverse longue et aplatie avec une côte à l'extrémité. Les trous de conjugaison dorsaux étaient intravertébraux. Les métacarpiens rudimentaires étaient très descendus, etc. En un mot, le squelette comme la dentition nous a paru tenir beaucoup plus de l'âne que du cheval. La conformation extérieure à part les oreilles (queue à toupillon, pas de châtaignes postérieures, croupe étroite et anguleuse, garrot peu sorti, voûte orbitaire saillante, membres graciles, etc.), ne dément pas cette conclusion;

5° Une tête de métisse d'ânesse et d'hémione qui ressemblait à ce point à une tête d'âne que la distinction eût été à peu près impossible.

Il faut donc absolument renoncer à voir dans l'hémione l'un des ancêtres possibles du cheval. Si l'on admet la division de la famille des Solipèdes en trois genres : *Equus*, *Asinus*, *Hippotigris*, c'est certainement dans le genre *Asinus* qu'il faut le placer, comme ci-dessus :

FAMILLE DES SOLIPÈDES

HIPPOTIGRIS	*ASINUS*	*EQUUS*
Zèbre. Couagga. Dauw.	Ane. Hémippe (de I. Geoffroy.). Onagre. Hémione.	Cheval.

G. MOLAIRES D'UN CERTAIN NOMBRE DE CHEVAUX FOSSILES (voyez fig. *a*, *b*, *c*, *d*, *e*, *f*, *g*.). — Grâce à l'obligeance de M. Depéret, le savant paléontologiste lyonnais, qui a mis ses riches collections à mon service, j'ai pu étudier les dents de plusieurs chevaux quaternaires et prendre l'empreinte de leurs tables. On trouvera dans la planche jointe à ce mémoire le dessin de la table de molaires provenant du cheval du lœss de Benfield (Alsace), du cheval du Mont-Ventoux, du cheval des Sablières de Beauregard, du cheval des poches à phosphates d'Uzès, du cheval de Maëstricht, du cheval d'Épinay, enfin du cheval de Solutré. Il est facile de se convaincre que tous ces chevaux fossiles ne différaient pas odontologiquement de ceux d'aujourd'hui dont-ils sont les ancêtres atochthones.

Il faut remonter à l'*Equus Stenonis* (Cocchi), du phocène supérieur du val d'Arno pour trouver sur les molaires quelques différences notables. En effet, le denticule annexe 1 des dents supérieures est peu développé, presque arrondi ; le denticule annexe 2 est au contraire considérable, presque aussi développé que le précédent; les côtes externes sont étroites et ne présentent une trace de dédoublement que dans les dents antérieures; les émaux centraux sont moins sinueux. Aux dents inférieures, les boucles du 8 formé par les denticules internes 1 et 2 sont inégalement longues et peu incurvées l'une vers l'autre. Il y a là quelques analogies avec les dents de l'âne; néanmoins, par leur pli caballin, par le mode d'attache de leur denticule annexe 1, les dents de l'*Equus Stenonis* se rattachent au type du cheval (fig. St). Ce devrait être, comme le dit Rutimeyer, une forme chevaline qui fait passage au cheval actuel, plutôt qu'une souche commune au cheval et à l'âne, ainsi que l'admet Mme Marie Pavlow. Les ancêtres de l'âne sont encore à trouver, pensons-nous.

L'*Equus andium* de Branco, dont nous donnons (fig. and. and.) le dessin de quelques dents d'après Mlle Marie Pavlow (voyez *Histoire paléontolique des ongulés* — Moscou, 1890), est une forme chevaline américaine qui répond assez exactement à l'*Equus Stenonis* européen.

H. Molaires d'Hipparions (fig. hipp.). — Ces dents sont bien connues, j'en donne ici quelques empreintes relevées dans le laboratoire de M. Depéret. Les supérieures se font remarquer par leur denticule annexe 1 court et complètement isolé, et par leurs émaux centraux très sinueux; les inférieures ne diffèrent guère de celles du cheval que par leurs denticules internes 1 et 2 moins incurvés l'un vers l'autre et peut-être aussi plus arrondis.

Les hipparions sont généralement considérés comme des ancêtres des chevaux et des ânes. Toutefois Mme Marie Pavlow, dans ses mémoires justement estimés sur l'*Histoire paléontologique des Ongulés*, s'élève contre cette manière de voir et prétend que les hipparions ne font pas partie de la ligne chevaline directe, mais qu'ils forment une branche collatérale développée parallèlement. « L'hipparion, dit-elle, est un type qui, surpassant le cheval actuel par la complication et le développement des dents, est resté en arrière par le développement de ses membres.

M. Gaudry (voyez *Mammifères tertiaires*) signale au contraire des dispositions qui font transition des dents de l'hipparion à celles du cheval : il y a en effet des molaires d'hipparion dont l'émail n'est pas plus sinueux que ne l'est celui des molaires du cheval, et dont le denticule interne 1, au lieu de faire îlot sur la table, se réunit de bonne heure à celle-ci, de manière à faire presqu'île comme chez le cheval. J'ajouterai, d'autre part, avec Goubaux et Barrier, qu'il existe parmi les chevaux actuels des individus dont les crêtes émailleuses des molaires sont beaucoup plus plissées que d'habitude, à égalité d'usure. Je représente (fig. ch. et hipp.) les dessins exacts de deux premières molaires, l'une d'un cheval hollandais de cinq ans, l'autre d'un hipparion jeune : la ressemblance n'est-elle pas frappante? Ce cheval tendait à la dentition de l'hipparion comme d'autres, nés polydactyles, tendent à la conformation de ses membres; la seule différence saillante réside dans le denticule interne 1 qui est isolé dans un cas, réuni dans l'autre cas; mais ce n'est qu'une différence secondaire, car d'une part ce denticule finit toujours par se réunir chez l'hipparion sous l'influence de l'usure, d'autre part il se présente isolé sur les molaires du cheval alors qu'elles commencent seulement à user. Par conséquent, il n'y a rien dans les dents, à mon humble avis, qui s'oppose à admettre les hipparions dans la lignée directe des chevaux. Par contre, je doute que les ânes soient dans leur descendance : 1° parce que leurs dents n'ont point le pli caballin, qui est au contraire très développé et multiple dans les dents des hipparions ; 2° parce qu'on n'a jamais signalé chez eux de cas de polydactylie, anomalie réversive bien connue chez le cheval. « L'âne, dit M. Cornevin, est plus éloigné chronologiquement des formes ancestrales polydactyles que le cheval. » Ces formes ancestrales, ajouterons-nous, sont encore à découvrir.

I. Développement des molaires des Solipèdes domestiques (voir fig. 1 à 5). — I. *Molaires de première dentition.* — A la naissance, les molaires de première dentition ne présentent généralement hors de la gencive que les sommets de leurs denticules les plus saillants; le germe du cément qui les enveloppe encore commence seulement à opérer son dépôt. Il faut environ trois semaines pour qu'elles soient bien sorties; la première et la deuxième ont un peu d'avance sur la troisième; mais leur table ne commence à se former que vers trois à quatre mois, un peu plus tôt à la mâchoire inférieure qu'à la supérieure. Nous avons dit plus haut que la prémolaire supérieure rudimentaire ne fait éruption que plusieurs mois après la naissance (cinq à six mois).

Les racines des molaires caduques se forment dans les premières semaines qui suivent la naissance; elles grandissent ensuite jusqu'à atteindre 1 ou 2 centimètres de longueur.

Quant au fût, c'est-à-dire à la partie indivise de ces dents, il mesure sur la dent vierge de 3 à 4 centimètres de hauteur dont 15 millimètres environ émergent de l'alvéole; aux deux mâchoires on observe une gradation de hauteur de la première à la troisième.

Les molaires caduques, de même que celles de deuxième dentition, n'ont pas achevé leur éruption lorsqu'elles arrivent au contact de leurs correspondantes de l'autre mâchoire; elles continuent à sortir des alvéoles, de manière à maintenir à peu près constante leur saillie intrabuccale. Cette pousse, jusqu'à un certain point indéfinie, ne résulte pas d'un accroissement correspondant, puisque les racines sont déjà formées, mais d'une sorte de retrait d'oblitération progressive des alvéoles qui chasse les dents au dehors; aussi voit-on leur hauteur diminuer et leur collet situé à la naissance des racines sortir peu à peu de l'alvéole et enfin apparaître au dehors. A ce moment qui précède de peu leur chute, leur fût est réduit à une plaque d'un centimètre environ d'épaisseur, au-dessous de laquelle pousse la dent remplaçante de manière à en miner les racines et à en provoquer l'expulsion. Le tableau suivant traduit par des chiffres ce curieux mode d'éruption décrit pour la première fois par Ténon :

HAUTEURS DU FUT DES MOLAIRES CADUQUES, MESURÉES DE LA TABLE A LA NAISSANCE DES RACINES CHEZ DES POULAINS DE DIFFÉRENTS AGES

	1re SUP.	2e SUP.	3e SUP.	1re INF.	2e INF.	3e INF.
	mm	mm	mm	mm	mm	mm
A 3 ou 4 mois. .	27	29	32	25	27	30
A 6 ou 7 mois. .	24	26	29	22	24	27
A 1 an. . . .	17	20	25	15	17	20
A 2 ans. . . .	6 à 8	12 à 15	20 à 22	10 à 12	12 à 14	15 à 18

II. *Molaires de deuxième dentition.* — Il règne quelque incertitude sur les dates d'éruption des prémolaires remplaçantes et des arrière-molaires ainsi que l'indique le tableau ci-dessous :

DATES D'ÉRUPTION DES PRÉMOLAIRES REMPLAÇANTES

	MACHOIRE SUPÉRIEURE			MACHOIRE INFÉRIEURE		
	1re	2e	3e	1re	2e	3e
D'après Ténon. . . . . (*Mémoires de l'Institut*, t. I à V).	30 mois	32 mois	3 ans	30 mois	32 mois	3 ans
D'apr. Emmanuel Rousseau. (*Traité de l'appareil dentaire*).	24 à 30	1 ou 2 m. ap. la préc.	3 ans	En même temps que les supérieures		
D'après Girard. . . . . (*Traité de l'âge*).	24 à 30	24 à 30	3 ans	—		
D'après Lecoq. . . . . . (*Extérieur du cheval*).	vers 2 ans	3 ans à 3 1/2	peu après la 2e	—		
D'après Mayhew. . . . . (*Extérieur*, Goubaux et Barrier).	36 mois	36 mois	60 mois	—		
D'après Lecellier, père. . . (*Extérieur*, Goubaux et Barrier).	30 à 36	40 à 42	44 à 48	30 à 36	30 à 36	40 à 42

Voici les dates constatées par moi ; elles concordent assez exactement avec celles de M. Lecellier père, ce qui permet de les donner comme très approximativement justes et applicables à tous les chevaux :

1re PM. SUP.	2e PM. SUP.	3e PM. SUP.	1re PM. INF.	2e PM. INF.	3e PM. INF.
28 à 34 mois	38 à 42 mois	45 à 50 mois	26 à 32 mois	30 à 34 mois	40 à 44 mois

Quant aux arrière-molaires, voici les dates de leur éruption, données par les auteurs les plus autorisés :

DATES D'ÉRUPTION DES ARRIÈRE-MOLAIRES

	MACHOIRE SUPÉRIEURE			MACHOIRE INFÉRIEURE 1re, 2e, 3e
	1re	2e	3e	
Ténon. . . .	10 à 11 m.	20 mois	5 à 6 ans	Aux mêmes dates que les supér.
Rousseau. . .	11 à 13	14 à 20	3 ans	—
Girard. . . .	10 à 11	20	4 à 6 ans	—
Lecocq. . . .	1 an	2 ans	4 à 5 ans	—
Mayhew. . . .	12 mois	18 à 24 m.	60 mois	—
Lecellier père. .	10 à 12	20 à 24	32 à 36	—

Voici les époques qui résultent de mes observations :

AUX DEUX MACHOIRES

1re arrière-molaire	2e arrière-molaire	3e arrière-molaire
Vers 1 an	20 à 26 mois	40 à 50

Ainsi qu'on le voit, les divergences portent surtout sur la dernière arrière-molaire; elles sont si considérables (trente-deux mois à six ans) qu'on ne saurait croire qu'il existe de pareilles variations dans la nature. Il est vrai que cette dent ne sort pas à époque aussi fixe que les autres, qu'elle met longtemps à dégager de l'alvéole son lobe postérieur; mais il me semble certain qu'elle n'est jamais apparente à trente-deux mois et qu'à six ans elle est toujours sortie depuis beau temps. A cinq ans, elle a déjà complété sa table en fermant en arrière sa deuxième boucle émailleuse. — De même que Cuvier, nous avons toujours constaté un certain synchronisme d'éruption entre la troisième prémolaire et la dernière arrière-molaire.

En résumé, voici d'après mes observations les époques d'éruptin des molaires du cheval, de l'âne et du mulet.

PREMIÈRE DENTITION

MOLAIRE RUDIMENTAIRE 5 à 6 mois	Les autres dans le premier mois qui suit la naissance.

DEUXIÈME DENTITION

1re PM.		2e PM.		3e PM.		1re arrière molaire aux 2 mâchoir.	2e arrière molaire aux 2 mâchoires	3e arrière molaire aux 2 mouchoirs
sup.	inf.	sup.	inf.	sup.	inf.			
28 à 34 mois	26 à 32 mois	38 à 42 mois	30 à 34 mois	45 à 50 mois	40 à 44 mois	1 an	20 à 26 mois	40 à 50 mois

NOTA. — La marge que comporte chacune des époques ci-dessus comprend non seulement les variations individuelles, mais encore le temps qui s'écoule à partir de la sortie de la dent jusqu'à ce qu'elle ait atteint le niveau de la table.

Au moment où les molaires de deuxième dentition atteignent le niveau de la table, elles ont toute leur hauteur, à peu de chose près; leurs racines ne tardent pas à apparaître et seules continuent la croissance jusqu'à ce qu'elles aient atteint 2 à 3 centimètres de hauteur environ.

Voici en moyenne la hauteur du fût des molaires de deuxième dentition prise avant l'usure, aux moments où elles atteignent le niveau de la table :

1re PM.	2e PM.	3e PM.	1re AR. MOL.	2e AR. MOL.	3e AR. MOL
65mm	80mm	80mm	90mm	90mm	70mm

Les molaires de la mâchoire inférieure sont en général un peu moins longues que les supérieures, ainsi que Ténon l'avait déjà constaté; mais la différence est négligeable.

Les molaires saillant hors de l'alvéole d'environ $1^{cm},50$, il s'ensuit qu'elles sont d'abord très profondément implantées dans les maxillaires ; à la mâchoire inférieure, elles occupent presque toute la hauteur des branches maxillaires ; souvent même la deuxième et la troisième s'accusent au dehors par une convexité du bord inférieur de ces branches ; à la mâchoire supérieure elles s'enfoncent jusqu'au niveau du trou sous-orbitaire et du canal dentaire supérieur, au-dessus duquel leurs alvéoles proéminent ; elles font bomber la lame externe du sus-maxillaire et remplissent à peu près complètement les sinus maxillaires.

A partir du moment où elles usent contre leurs correspondantes de l'autre mâchoire, leur fût se raccourcit et l'on voit apparaître leurs racines. Grâce à une rétraction particulière des alvéoles, ces dents sortent constamment dans la bouche de manière à compenser l'usure rapide qu'elles éprouvent et à maintenir constante la hauteur de leur couronne ; elles s'éloignent ainsi progressivement des canaux dentaires et l'espace qu'elles abandonnent est envahi au fur et à mesure par le diploé ou bien par les sinus. Il est curieux de voir les saillies alvéolaires qui remplissaient presque ces derniers dans le jeune âge s'effondrer en quelque sorte et leur céder peu à peu la place. Cette atrésie alvéolaire se fait non seulement du fond à l'orifice, mais encore d'un côté à l'autre ; les lames compactes des maxillaires se rapprochent de telle manière que chez les sujets âgés le chanfrein s'évide sur le côté et la ganache devient tranchante. L'éruption ne s'achève que lorsque le fût de la dent est tout entier sorti de l'alvéole ; alors le collet, c'est-à-dire l'étranglement qui marque l'origine des racines, apparaît dans la bouche ; l'animal ne possède plus que des chicots impropres à la mastication ; il approche du terme de son existence. Chose admirable, le rapport entre la longueur du fût des molaires et la durée de leur fonction se retrouve dans les molaires de lait comme dans les molaires de deuxième dentition : celles-là ne devaient durer que deux à trois ans, elles n'ont pas plus de 3 à 4 centimètres de hauteur ; celles-ci devaient persister jusqu'à la fin de la vie, elles se font remarquer par leur grande hauteur. Il y a là une telle adéquation qu'on peut déduire la longévité des Soli pèdes de la longueur de leurs molaires. En effet, les mensurations établissent que les molaires de lait usent de 6 à 8 millimètres par an, et que les molaires de deuxième dentition, à partir du moment où la table est complète, c'est-à-dire de cinq ans, usent d'environ 3 millimètres par an (de la même quantité que les incisives). Or, à cinq ans, la dent la plus haute est en général la dernière arrière-molaire dont le fût a de 6 à 7 centimètres, donc il suffira de vingt et quelques années pour l'user à fond, ce qui, avec les cinq années antérieures, fera une longévité moyenne de vingt-cinq à trente ans. Un cheval de trente à trente-cinq ans est aussi vieux qu'un homme centenaire, et l'âge de quarante ans peut être donné comme le terme extrême de la longévité chevaline.

HAUTEURS MOYENNES DES MOLAIRES A QUELQUES AGES DE LA VIE A PARTIR DE CINQ ANS

	MÂCHOIRE SUPÉRIEURE					
	1°	2°	3°	4°	5°	6°
	mm	mm	mm	mm	mm	mm
A 5 ans.	44 à 50	55	65	60	68	65
A 10 ans.. . . .	30	40	50	45	53	50
A 15 ans.. . . .	15	25	35	30	38	35
A 20 ans.. . . .	Usée jusqu'aux racines	10	20	15	23	20
	MÂCHOIRE INFÉRIEURE					
	1°	2°	3°	4°	5°	6°
	mm	mm	mm	mm	mm	mm
A 5 ans.	48	60	65	60	62	62
A 10 ans.. . . .	33	45	50	45	47	47
A 15 ans.. . . .	18	30	35	30	32	32
A 20 ans.. . . .	quelques millim.	15	20	15	17	17

NOTA. — L'usure ne se fait pas toujours régulièrement ; rien n'est plus commun que les accidents des tables dentaires chez les Solipèdes âgés.

Dates de l'apparition des molaires dans leurs follicules.

Vers le cent-dixième ou cent-quinzième jour de la gestation, d'après Emmanuel Rousseau, l'ébauche des incisives centrales (pinces) apparaît sous forme d'un petit chapeau éburné ; rapidement après, de pareils points indiquent les mitoyennes, la première molaire, etc., en sorte qu'à neuf mois de gestation on peut voir toutes les dents de lait formées, quoique contenues dans leurs sacs respectifs, ainsi que la première arrière-molaire.

A la naissance, cette dernière n'a que quelques millimètres de hauteur.

A trois ou quatre mois elle est déjà haute de 2cm, 50 à la mâchoire supérieure, de 2 centimètres à l'inférieure.

Vers cinq mois, apparaît la deuxième arrière-molaire.

A six ou sept mois, cette dent a près de 1 centimètre de hauteur, tandis que la première arrière-molaire a atteint 6 centimètres.

A un an, la première arrière-molaire atteint le niveau de la table et mesure 8 à 9 centimètres en haut, 7 centimètres en bas.

La deuxième arrière-molaire a 50 millimètres de hauteur à la mâchoire supérieure, 38 millimètres à l'inférieure.

Les follicules des pré molaires remplaçantes, sont très visibles en dessous des racines des molaires caduques; ces dents ne tarderont pas à apparaître.

A deux ans, la deuxième arrière-molaire a achevé son éruption, elle a 8 à 9 centimètres de hauteur en haut, 7 à 8 en bas.

La troisième arrière-molaire est haute de 3 à 4 centimètres aux deux mâchoires, elle a fait apparition vers l'âge de dix-huit à vingt mois.

Les prémolaires remplaçantes ont déjà 6 à 7 centimètres de hauteur à la mâchoire supérieure, 5 centimètres environ à la mâchoire inférieure; ces dents ont apparu vers l'âge de quatorze à quinze mois.

A trois ans, les prémolaires remplaçantes ont ou auront bientôt atteint la table dentaire.

La dernière arrière-molaire est haute de 4 à 5 centimètres.

Changements qu'éprouve la table des molaires sous l'influence de l'âge.

Le denticule annexe 1 des molaires supérieures se raccourcit de plus en plus; le pli caballin diminue progressivement et finit par disparaître, d'abord sur les arrière-molaires, ensuite sur les avant-molaires. Les sinuosités des émaux centraux deviennent de moins en moins nombreuses et accentuées ; enfin l'usure des faces adjacentes augmente graduellement jusqu'à faire disparaître la couche d'émail, et même le denticule annexe 2. Ces diverses modifications sont telles qu'il est bon de ne comparer au point de vue de la diagnose spécifique que des molaires à peu près également usées.

Les molaires inférieures éprouvent des modifications moins importantes, quoique très sensibles ; je citerai seulement la diminution du pli du sillon externe conduisant à sa disparition complète, et l'usure progressive du denticule postérieur qui ne persiste parfois que dans la dernière molaire.

Changement de position qu'éprouvent les molaires par rapport aux maxillaires.

Nous prendrons comme points de repère, à la mâchoire supérieure, l'arcade palatine circonscrivant en avant l'orifice guttural, le trou sous-orbitaire et l'épine malaire — à la mâchoire inférieure, les deux extrémités du maxillaire.

Molaires supérieures : A la naissance, les trois molaires de lait occupent toute l'étendue des bords maxillaires ; une ligne transverse tangente à l'arcade palatine passe à peu de chose près entre la deuxième et la troisième. Plus tard, les arrière-molaires qui se développent successivement au sein de la protubérance maxillaire doivent, pour se faire place, pousser en avant les dents précédentes qui s'éloignent ainsi de plus en plus de l'arcade palatine, jusqu'à ce que la série des molaires se soit complétée; ainsi :

A quatre mois, la tangente à l'arcade palatine coupe la dernière molaire (troisième), par le quart postérieur ;

A six mois, elle laisse cette dent en avant ;

A un an, elle passe à travers la partie antérieure de la première arrière-molaire qui vient de faire éruption ;

A deux ans, elle coupe la première arrière-molaire à sa partie tout à fait postérieure ;

A *trois ans*, elle passe entre la première et la deuxième arrière-molaire ;

A quatre ans, elle traverse la partie antérieure de la deuxième arrière-molaire ;

A cinq ans, elle traverse la partie postérieure de cette même dent ;

Plus tard, elle passe entre les deux dernières molaires et même à travers la dernière dans un âge plus avancé.

Chaque dent qui apparaît à l'extrémité de l'arcade molaire pratique vis-à-vis de la précédente, la théorie de « ôte-toi de là que je m'y mette », de sorte que les premières dents formées subissent un véritable transfert antérieur progressif. Il ne faudrait pas croire que ce transfert soit corrélatif à un accroissement proportionnel du maxillaire, car s'il en était ainsi, les rapports des dents avec certaines particularités extérieures de l'os resteraient invariables ; or, on constate au contraire que ces rapports sont très changeants ; on en juge aisément par la troisième molaire (pm 3) d'abord située à l'arrière du maxillaire qui devient ensuite à peu près médiane, et aussi à la position relative du trou sous-orbitaire et de l'épine malaire, indiqué par le tableau ci-dessous (la tête est supposée horizontale) :

	TROU SOUS-ORBITAIRE	ÉPINE MOLAIRE
	Au-dessus	Au-dessus
A la naissance.	— du bord ant. de la 2e mol.	— du milieu de la 2e.
A 3 ou 4 mois.	— de la partie ant. —	— du 1/4 postér. —
A 6 ou 7 mois.	— du milieu —	— de l'intervalle de la 2e et de la 3e.
A 10 mois. . .	— — —	— partie ant. de la 3e.
A 2 ou 3 ans. .	— de l'intervalle de la 2e et 3e.	— tiers ant. —
De 4 à 5 ans. .	— de la partie antér. de la 3e.	— milieu —
Plus tard. . .	— du milieu ou même de la partie postér. de la 3e.	Jusqu'au-dessous de la 4e.

Nota. — Les rapports exprimés par ce tableau sont sujets à quelques variations suivant les individus, mais cela ne touche en rien au fait que nous voulons mettre en évidence.

Sachant que l'épine malaire et le trou sous-orbitaire sont à peu près fixes, relativement aux extrémités du maxillaire supérieur, il faut conclure à un réel mouvement des dents en avant, tout aussi réel que celui qu'elles éprouvent du fond de leur alvéole vers l'orifice. L'os se prête à ce double mouvement, ce qui témoigne d'un remaniement incessant de la substance, d'une sorte de plasticité modelante tout en faveur de la théorie de Julius Wolf de Berlin contre celle de Flourens sur l'accroissement des os. Pour Flourens, en effet, cet accroissement se fait exclusivement par juxtaposition sur les bords, à la surface ou au contact des noyaux d'ossification; tandis que pour Julius Wolf, il se fait *totius substantiæ*, suivant la loi générale de la croissance organique (voyez arch. de Virchow, 1888). Ce serait sortir de mon sujet que de discuter cette question; je me bornerai à dire que, en ce qui concerne les mâchoires, l'accroissement interstitiel n'est pas contestable.

Molaires inférieures. — Elles suivent nécessairement le mouvement de transfert antérieur des dents supérieures, de façon à maintenir leur correspondance avec elles. Parties de la base de l'apophyse coronoïde, elles s'en éloignent de plus en plus, de sorte que le rapport compris entre la distance du bord postérieur de la troisième molaire au condyle, d'une part, et la distance de ce même bord aux incisives, d'autre part, va constamment en augmentant comme ci-dessous :

0,68	à 3 ou 4 mois,
0,77	6 ou 7 mois.
0,85	10 ou 12 mois.
0,92	2 ans.
0,96	3 ans.
1	4 ans.
1,05	5 ans.
1,10	plus tard.

Ainsi qu'à la mâchoire supérieure, ce mouvement d'arrière en avant combiné avec le mouvement de sortie des alvéoles, est accompagné de modifications interstitielles du maxillaire, qui lui permettent de se modeler toujours sur les dents dont il est le support. S'il est un fait incontestable, c'est que les *mâchoires se développent en fonction des dents*. Voyez-les à la naissance, elles sont brèves parce que les dents de lait sont peu nombreuses; le plus grand volume apparent du crâne à ce moment, n'est que relatif à leur brièveté. Voyez-les plus tard, elles se développent en proportion du nombre et du volume des dents qui y prennent place et, comme règle générale, le crâne ne s'accroît pas dans la même mesure, l'angle facial devient de plus en plus fermé. Comparez en outre les mâchoires courtes du dogue aux mâchoires longues du lévrier et vous constaterez sur les premières l'atrophie ou le défaut de quelques dents, sur les deuxièmes des dents toutes bien développées, parfois même en nombre excédent.

Il est à remarquer que les dernières molaires se développent toujours en s'arc-boutant contre les autres, de manière à exercer sur elles une véritable poussée, telle que les molaires sont toujours serrées les unes contre les autres, usées par leurs faces adjacentes.

Changements de rapport des canaux dentaires sous l'influence de l'âge.

Tant que la croissance de leur fût n'est pas terminée, les molaires tiennent leur extrémité enchâssée au contact des canaux dentaires ou tout près. Ceux-ci semblent reculer au fur et à mesure que ces dents s'accroissent. Par exemple, nous avons trouvé (chiffres moyens) la distance du trou sous-orbitaire au bord alvéolaire.

de 39mm à 3 ou 4 mois.
45 à 6 ou 7 mois.
50 à 10 mois.
60 à 18 mois.
70 à 2 ans et au-dessus.

A la mâchoire inférieure, le canal dentaire longe toute la vie le bord inférieur de la branche maxillaire dans la plus grande partie de son trajet; il s'éloigne donc des processus alvéolaires en même

3

temps que l'os augmente de largeur; et cette augmentation se fait parallèlement à la croissance des dents. Lorsque celle-ci est terminée, les canaux dentaires ne varient plus, et comme l esmolaires sont progressivement expulsées de leurs alvéoles, un intervalle se produit entre ces canaux et le fond de ceux-ci, intervalle envahi soit par le tissu osseux spongieux, soit par les sinus maxillaires.

On constate ces phénomènes sur les molaires des deux dentitions; mais ce qu'il y a de particulier aux molaires caduques, c'est que le tissu spongieux des maxillaires envahit de bonne heure (vers cinq à six mois) leur cavité interne en s'introduisant par les orifices de leurs racines, de telle sorte que leur pulpe disparaît, même avant que les follicules des dents remplaçantes se soient constitués.

Changements des sinus maxillaires sous l'influence de l'évolution des dents.

Sur les têtes d'adulte, on décrit à chacun de ces sinus deux compartiments, l'un interne, l'autre externe; le premier situé en dedans du canal dentaire est en large communication avec le sinus frontal et le sinus sphéno-palatin, dans le sinus maxillaire supérieur; il se confond avec la cavité du cornet maxillaire dans le sinus maxillaire inférieur.

Le deuxième compartiment est situé au-dessous et en dehors du canal dentaire; c'est lui qui ubit les plus grandes variations du fait de l'âge.

De la naissance à trois ou quatre mois, ce compartiment n'existe pas encore ni dans l'un, ni dans l'autre sinus, à sa place on trouve du tissu osseux spongieux contenant les molaires de première dentition ainsi que le follicule de la première arrière-molaire.

Vers quatre ou cinq mois apparaît le compartiment externe du sinus maxillaire inférieur, qui se développe au-dessus des racines de la troisième molaire et acquièrent vers huit à dix mois 2 ou 3 centimètres de profondeur au-dessous du canal dentaire.

Vers un an et demi, à l'époque où se forment les prémolaires remplaçantes, on voit le follicule de la troisième de ces dents soulever le plancher de notre sinus et le remplir d'une manière à peu près complète à deux ans.

A trois ans, ce sinus s'agrandit un peu, en dehors des saillies alvéolaires aux dépens du tissu spongieux de l'épine malaire.

Enfin, à partir de quatre ans, grâce à la pousse constante des dents, les saillies alvéolaires se retirent peu à peu en lui cédant la place, de telle sorte qu'il s'agrandit de plus en plus et devient très vaste dans la vieillesse; je l'ai vu se prolonger jusque dans les apophyses palatines des grands maxillaires.

Le compartiment externe du sinus maxillaire supérieur se forme et s'agrandit de la même manière, soit par rétraction des saillies alvéolaires, soit par résorption du tissu spongieux du zygomatique et de la protubérance maxillaire. Cette dernière, d'où sont sorties successivement toutes les arrière-molaires, se creuse de plus en plus et se transforme en une sorte de bulle qui fait cul-de-sac audit sinus.

Les rapports des sinus avec les molaires sont variables; en effet, le mouvement en avant de ces dernières fait que certaines passent du sinus supérieur dans le sinus inférieur, ou de celui-ci dans le diploé. Par exemple :

A deux ans, les alvéoles des trois arrière-molaires (la dernière nouvellement apparue) font saillie dans le sinus maxillaire supérieur, tandis que le fond de l'alvéole de la troisième prémolaire remplaçante comble presque entièrement le sinus maxillaire inférieur.

A trois ans, la première arrière-molaire a déjà engagé sa partie antérieure dans le sinus maxillaire inférieur, et la troisième prémolaire commence à en sortir en avant.

A cinq ans, la première arrière-molaire est en grande partie logée dans le sinus précité, et en a chassé la dent précédente plus ou moins complètement.

Plus tard, ce sinus correspond à la première arrière-molaire et parfois même à la partie antérieure de la deuxième ; comme il s'est beaucoup étendu, on peut y voir en outre la partie postérieure de la troisième prémolaire.

La cloison qui sépare les deux sinus semble entraînée par ce mouvement, car elle devient avec l'âge de plus en plus oblique en avant.

Il y aurait à déduire d'intéressantes applications à la chirurgie, de ces changements qu'éprouvent les sinus maxillaires avec l'âge, mais ce n'est pas ici le lieu d'en parler. Nous n'ajouterons plus qu'un mot sur l'éruption des canines.

Canines ou crochets de Solipèdes.

Ces dents passent pour monophysaires, et cependant tous les auteurs signalent l'existence fréquente d'une petite aiguille éburnée précédant le crochet véritable; il me semble même, ainsi qu'à Goubaux et Barrier, que cette aiguille éburnée se rencontre constamment et dans les deux sexes. Est-ce là la canine caduque ? C'est probable, répondent les auteurs susnommés. C'est certain, dirai-je à mon tour, 1° parce qu'il est de règle en anatomie comparée, que la canine soit une dent diphysaire, 2° parce qu'au lieu du petit stylet en question, on trouve parfois une canine caduque bien formée; 3° enfin, parce qu'aucune autre interprétation n'est plausible. Dans les femelles, les crochets styliformes caducs ne sont pas remplacés, si ce n'est à titre d'exception, dans ce dernier cas, la canine de deuxième génération, n'est jamais aussi développée que celle du mâle; parfois elle n'existe qu'à l'une ou à l'autre mâchoire. Les juments qui possèdent des canines passent dans certains pays pour être stériles, mais rien n'est moins démontré.

On n'a pas constaté que la castration des mâles influât sur le développement de leurs crochets.

La date d'éruption des crochets n'est pas bien certaine. D'après Girard, elle n'a rien de fixe « quelquefois ces dents existent à trois ans; d'autres fois elles tardent jusqu'à six; en moyenne, elles sortent à quatre ans. » Lecoq dit aussi que l'éruption des crochets est irrégulière : « Le plus souvent ils commencent à pointer vers trois ans et demi et se trouvent bien sortis à quatre ans, quoique moins longs qu'ils ne le seront à cinq et surtout à six ou sept ans. »

D'après mes observations, l'éruption des crochets n'est pas aussi irrégulière que le disent les auteurs précités, notamment Girard ; je n'ai jamais vu de crochets sortis à trois ans, ni de crochet non sorti à six ans. Il est très rare que ces dents traversent la gencive avant quatre ans ; elles ne sont bien apparentes que de quatre ans à quatre ans et demi, et, vers l'âge de cinq ans, elles ont à peu près la longueur des incisives.

Quant aux incisives, ce sont les mieux connues, car elles fournissent les signes pour la connaissance de l'âge. Je n'ai rien à en dire de nouveau. Je termine donc là mon étude en renouvelant mes remerciements à MM. Boulart, Chantre, Cornevin et Depéret, grâce auxquels j'ai pu mettre en œuvre une grande quantité de matériaux et donner plus de force et de généralité à mes conclusions.

LÉGENDES DES FIGURES

A. — Molaires caduques de l'âne (supérieures et inférieures.)
B. — Molaires caduques du cheval (supérieures et inférieures)
C. — Molaires supérieures de deuxième dentition d'un cheval prenant 5 ans.
D. — Molaires supérieures de deuxième dentition d'un âne de 4 ans faits.
E. — Molaires inférieures de deuxième dentition d'un âne de 4 ans faits
F. — Molaires inférieures de deuxième dentition d'un cheval prenant 5 ans.
G et H. — Molaires d'un mulet dauphinois de 6 ans 1/2.
I — Quelques molaires d'un zèbre de 6 à 7 ans.
J. — Quelques molaires d'un dauw de 9 à 10 ans.
K. — Quelques molaires d'un onagre de 6 ans.
L. — Table de la deuxième molaire supérieure et de la deuxième molaire inférieure d'un cheval de 5 ans. 1° molaire supérieure. E' émail périphérique. E', E', émail central.
I. ivoire. — C cément périphérique. — C' C' cément central.
c. pli caballin. — 1, 2, denticules annexes. — 2° *molaire inférieure.*
E, E', C, C, I, comme précédemment. — 1, 2, 3 denticules internes. *p.* denticule postérieur.

a) — Une molaire supérieure du cheval quaternaire de Maestricht.
b) — — — — — d'Épinay près Paris.
c) — — — — — des poches à phosphate d'Uzès.
d) — — — — — de Solutré.
e) — — — — — interglaciaire des Sablières de Beauregard.
f) — — — — — du mont Ventoux.
g) — — — — — Lœss de Benfield Alsace.

st 1) — Une molaire supérieure (3e) de l'*Equus Stenonis* de Kiew (d'après Mme Marie Pavlow.)
st 2.) — Une arrière-molaire supérieure de l'*Equus Stenonis* du volcan du Coupet (d'après M. Gaudry.)
st 3.) — Les deux dernières molaires inférieures de l'*Equus Stenonis* de Kiew (Marie Pavlow.)
and. and — 1re et 2me avant-molaires de l'*Equus Andium* de Branco (d'après Mme Marie Pavlow.)
hipp hipp. — 1re et 2me avant-molaires de l'*Hipparion gracile* de Pikermi.
hipp 2.) Une molaire d'un *Hipparion gracile* découvert à la Croix-Rousse. Lyon.
ch — Une 1re molaire supérieure d'un cheval hollandais.

1. — État des molaires chez un poulain nouveau-né. (on voit le follicule de la 1re arrière-molaire.
2. — État des molaires chez un poulain de 7 mois. (La prémolaire rudimentaire supérieure a fait éruption.)
3. — État des molaires chez un poulain d'un an (les follicules de pré-molaire remplaçantes sont déjà visibles)
4. — État des molaires chez un poulain de 2 ans faits (dans quelques mois les pré-molaires caduques seront expulsées par leurs remplaçantes.)
5. — État des molaires chez un cheval de 5 ans (les arcades molaires son complètes.)

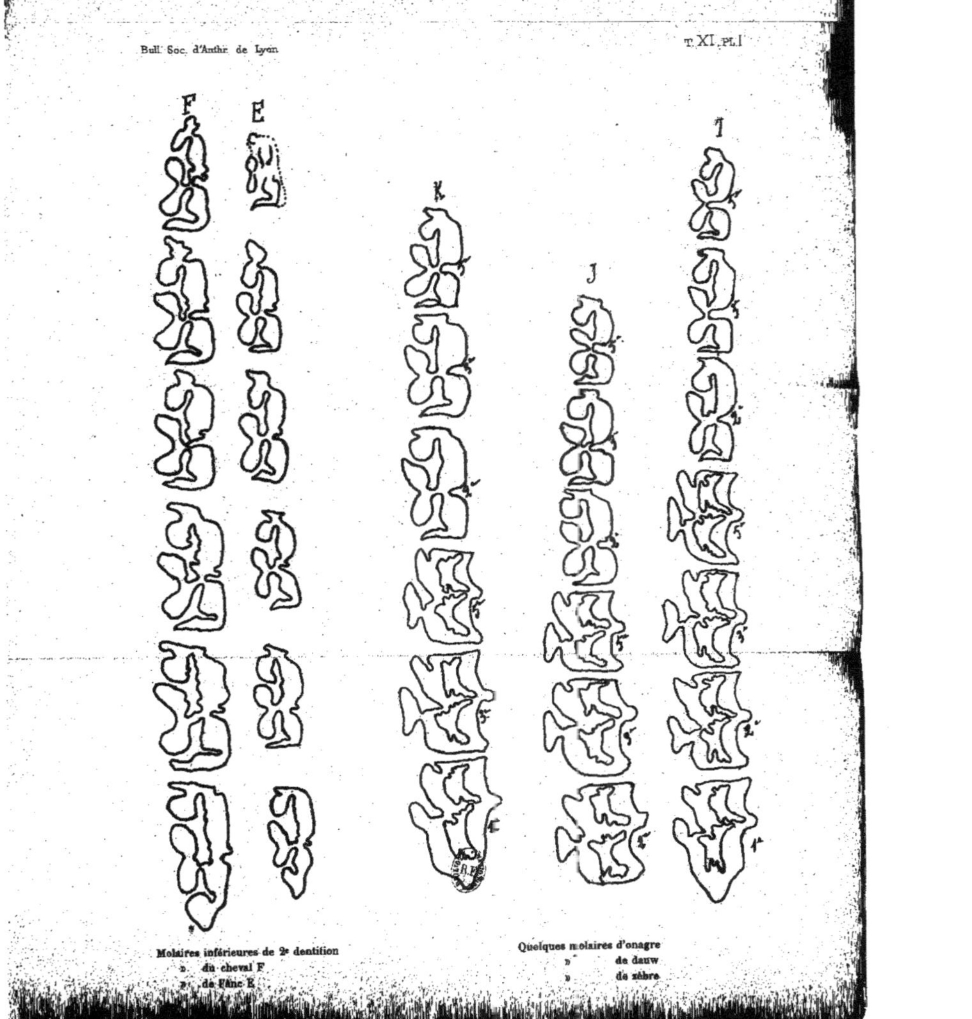

Molaires inférieures de 2e dentition
» du cheval F
» de l'âne E

Quelques molaires d'onagre
» de dauw
» de zèbre

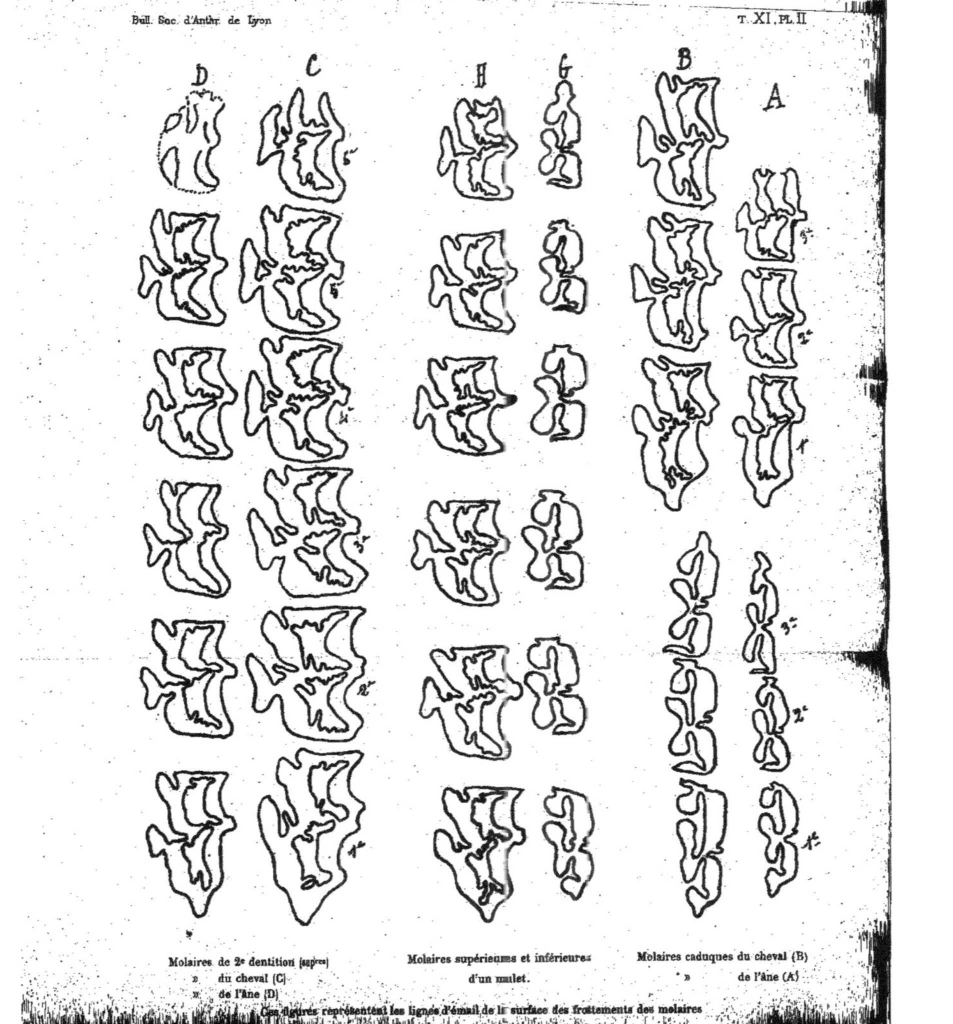

Molaires de 2e dentition (supres)
» du cheval (C)
» de l'âne (D)

Molaires supérieures et inférieures
d'un mulet.

Molaires caduques du cheval (B)
» de l'âne (A)

Ces figures représentent les lignes d'émail de la surface des frottements des molaires

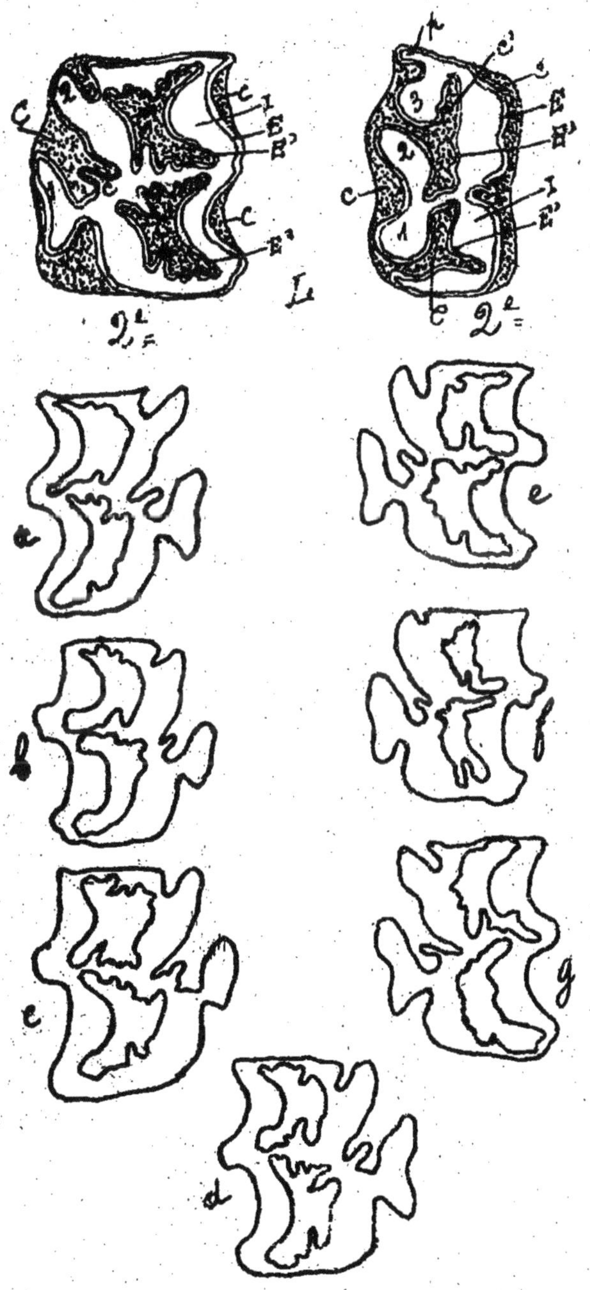

L. – Table d'une molaire supérieure et d'une molaire inférieure de cheval.
a, b, c, d, e, f, g. Molaires supérieures de divers chevaux fossiles.

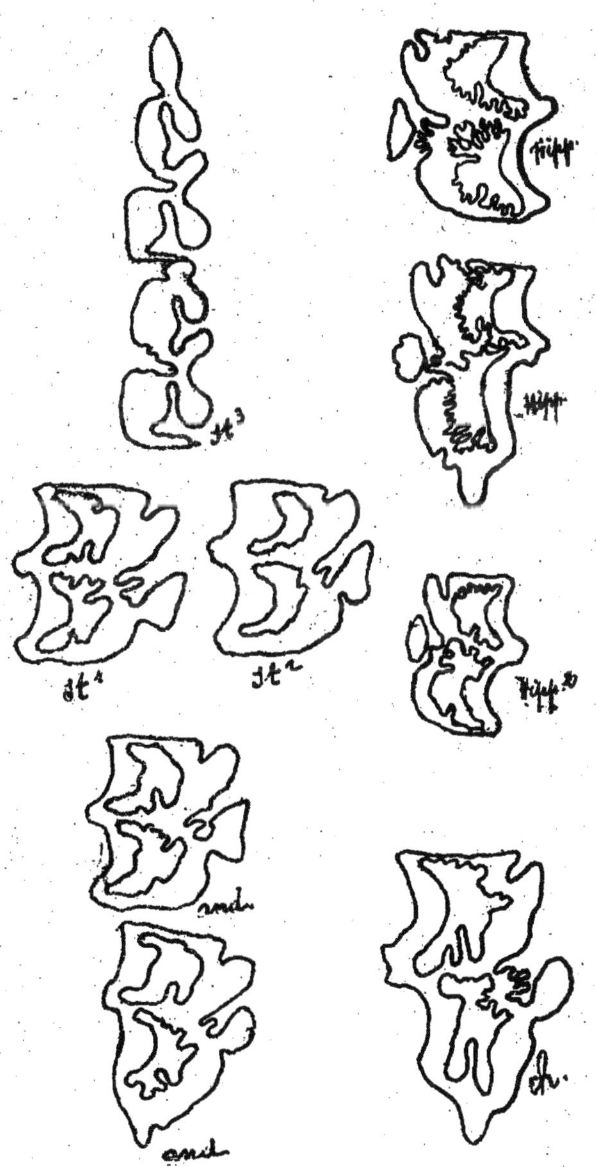

Molaires d'hipparions (hipp.) — Molaires d'equus stenonis (st.)
» d'equus andium (and.), » de cheval (ch.)

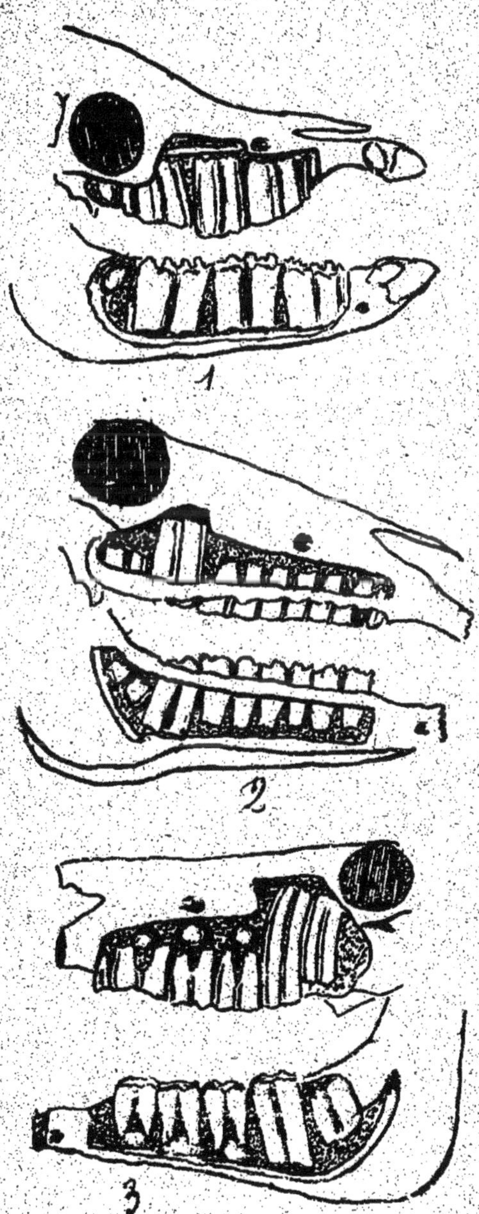

État des molaires à la naissance (1)
» à sept mois (2)
» à un an (3)

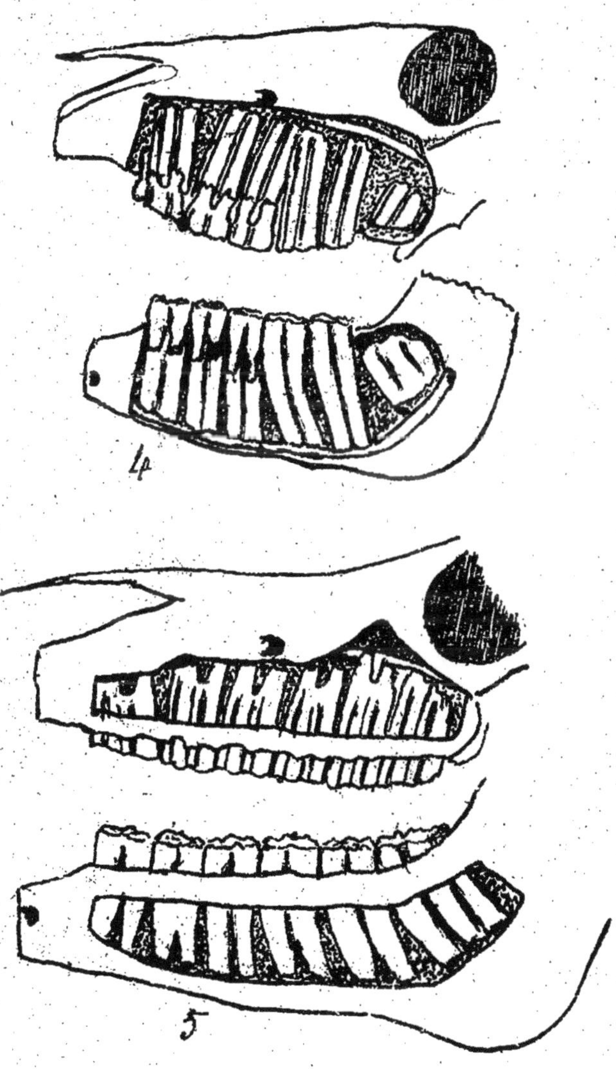

État des molaires à deux ans faits (4)
» à cinq ans (5)

Lyon. — Imp. PITRAT AINÉ, **A. Rey** Successeur, 4, rue Gentil. — 4838

www.ingramcontent.com/pod-product-compliance
Ingram Content Group UK Ltd.
Pitfield, Milton Keynes, MK11 3LW, UK
UKHW021005220726
13924UKWH00002B/904